动植物的故事

［韩］黄宝妍 / 文　［韩］赵美子 / 绘　千太阳 / 译

人民东方出版传媒
People's Oriental Publishing & Media
東方出版社
The Oriental Press

有什么办法可以轻松地给生物取名字，还能让人容易看懂呢？
林奈

有没有办法可以了解昆虫的所有行为和特征呢？
法布尔

植物生长需要的养分究竟来自哪里？
迈尔

目录

亚里士多德对世上的一切事物都抱有浓厚的好奇心。不过，他最感兴趣的其实是生物。为此，他还特意制作出了生物分类表。后来，很多科学家都苦苦思索对生物进行分类的方法，就连我也不例外。什么？你问为什么？如果生物的命名遵循一定的规则，那么，一看到生物的名字，人们就能明白那是什么生物了。

18 世纪时期，人们发现了很多新植物。

可是每次发现新植物，发现它的人都会给它胡乱取名字。

你问我在说什么？哈哈，如果我说，这其实是一株植物的名字，你会不会感到很惊讶？好吧。总之，由于当时人们给植物起名字没有什么规则可遵循，所以植物的名字就变得越来越长、越来越复杂。

瑞典博物学家卡尔·冯·林奈时常为此感到头痛。

要知道，林奈平时就很喜欢整理物品，而且他的生活也很有规律。这样的他，在看到各种乱七八糟的植物名称之后，怎么可能忍受得了！

“看来每一种植物都要有一个统一的名称，只有这样，植物学家们才不会将它们弄混！”

在给植物起名字之前，林奈觉得有必要先对植物进行一番系统分类。

“对，就是这样！在家整理衣服时，我要将男装和女装分开存放。若是植物也能按照某种规律进行分类，那该多方便啊！”

林奈马上投入到研究当中。很快，他便发现每种植物的雌蕊和雄蕊是不一样的。他觉得可以根据这种差异对植物进行分类。

此外，林奈研究的还有植物是否会开花、叶子是什么形状等特征。

据说，他在那段时期一共研究过数千种植物。

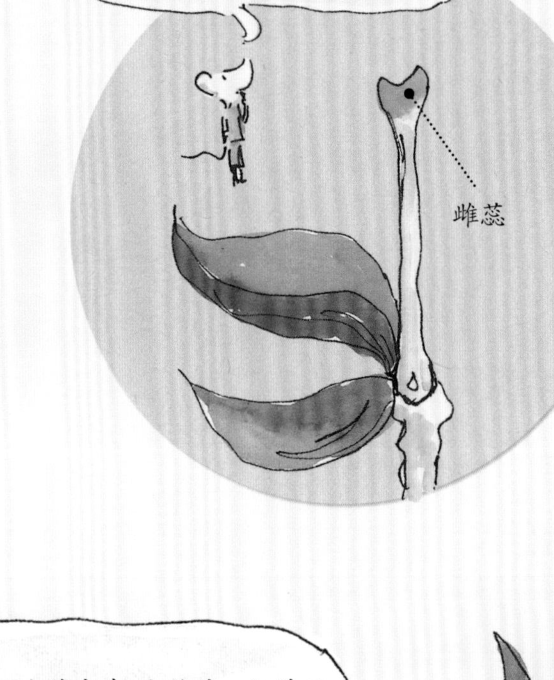

最终，林奈把数千种植物分成 24 个群，并进行了整理。

你听说过被子植物和裸子植物吗？这就是林奈想出来的一种分类方法。其判断依据就是种子是否裸露。

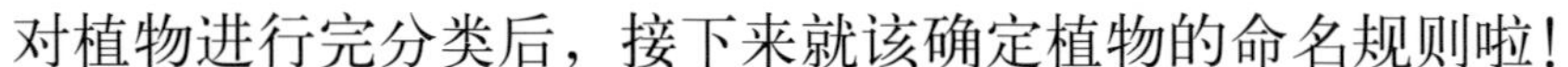

对植物进行完分类后，接下来就该确定植物的命名规则啦！

大家都知道人的名字是由姓氏和名组成的，林奈想到的方法就跟这差不多。他给植物起属名和种名，然后将两个名字合在一起作为植物的名称。什么？听不懂？那我给你举个例子好了。比如，林奈给银杏树取了由两个单词组成的名字。前一个单词是属名，叫“*Ginkgo*”；后一个单词是种名，叫“*biloba*”。

林奈将银杏树命名为“*Ginkgo biloba*”。

Ginkgo

biloba

*Ginkgo*是属名，表示属于银杏属。

*biloba*是种名，描述了银杏叶的形态，前端是“二裂”的。

用这种命名法给一种生物起的名字由属名、种名两个部分构成，所以林奈就把这种方法叫作“双名命名法”。自从有了这种命名法后，人们只要一听生物的名字，就能立刻辨别出它是什么种类的生物了。比如说，看到一种植物的属名是“*Ginkgo*”，你就会马上想到：“哦，原来这是跟银杏树有着相似特征的植物啊！”在对一切生物进行命名的时候，林奈使用的都是这种双名命名法。

林奈将北极熊命名为“*Ursus maritimus*”。

*Ursus*是属名，表示熊。

*maritimus*是种名，表示生活在大海中的动物。

林奈用双名命名法将很多生物的名字都“整顿”了一遍。其中，植物有 7700 多种；动物有 4400 多种。现在，人们只要一看到名字，就能轻易判断出两种生物是否属于同一物种了。

对了，你知道吗？林奈还把人类当作动物进行了分类。

“人类跟什么动物长得最相似呢？嗯，对了，人类跟大猩猩、黑猩猩长得最相似，那就把它们统称为类人猿好了。”

林奈将人类命名为“*Homo sapiens*”。

你知道吗？当时，大家都觉得人类是与众不同的存在。也就是说，他们觉得自己跟动物是有区别的。但是林奈却将人类与大猩猩、黑猩猩归类到一起，并统称为类人猿。不得不说，这是一个脑洞大开的想法。总之，林奈就按照自己的方法，把地球上的所有生物都进行了分类、命名。

自从林奈创建出双名命名法之后，世界上所有的科学家都意识到这种命名方法的好处，于是都开始采用双名命名法对动植物进行命名。就这样，动植物最终都按照统一的命名规则有了专属的名字，而我们再也不用担心会混淆它们了。

生物分类

根据特征对生物进行归类的方式，称为“生物分类”。生物分类是人们理解生物的标准。地球上的所有生物大体上分为三大种类：动物、植物和微生物。其中，动物根据其是否拥有脊椎，分为脊椎动物和无脊椎动物；植物根据是否开花，分为显花植物和隐花植物。

植物的分类方法

动物的分类方法

微生物的分类方法

微生物主要是指体形小于 0.1 毫米的生物，主要有细菌、真菌、病毒等。

学术和宗教的语言——拉丁语

据说，公元前500年，罗马帝国使用的语言是拉丁语。当时，伟大的罗马帝国征服了地中海，统治了欧洲大片地区，而且文化和学术也非常发达。于是，从那时起，罗马帝国统治的地区就开始接受罗马的文化和学术，同时学习和使用拉丁语。

在撰写文书或教学中，他们会使用拉丁语；在天主教会做弥撒时，人们所使用的也是拉丁语。即使罗马帝国灭亡后，这种传统也仍然保留了下来。虽然现在日常生活中，人们不再使用拉丁语，但在学术和宗教领域中，人们依然会使用拉丁语来表示专业词语。就连林奈用双名命名法给生物命名时，也使用的是拉丁语。例如，银杏树的名字“*Ginkgo biloba*”就是拉丁语。

此外，拉丁语对其他语言也产生了很大的影响。英语中关于“观看”的“vision”和“video”等单词都来自拉丁语中表示“看”的一词“víděo”。虽然罗马帝国已成为历史，但拉丁语依然留在我们身边。

用拉丁语写的书

在 19 世纪时，研究昆虫的科学家非常稀少。因为当时人们都认为昆虫是一种微不足道的生物。但是我的想法却与他们不同。在我看来，了解昆虫这种地球上种类最多的生物，就等于是在解开生命的奥秘。于是，我开始对蝉进行观察，最终解开了它们“知了，知了”鸣叫的秘密。

有一天，法国少年让·法布尔正坐在树荫底下休息。

“知了，知了，知了知了知了！”

树上突然传来蝉的鸣叫声。

“蝉的体形这么小，怎么能够发出如此洪亮的声音呢？”

好奇的法布尔便抓住一只蝉，等待它发出叫声。

年幼的法布尔对一切昆虫的活动都充满了好奇。

他看到屎壳郎滚动巨大的粪球会感到好奇，看到土栖蜂捕捉吉丁虫给自己的幼虫做食物也会感到很好奇。

长大后，他依然对昆虫抱有浓厚的兴趣。1854 年，法布尔决定继续研究昆虫。

他制订了一个计划，那就是对自己从小喜爱的蝉进行观察。

法布尔最先观察的是成年蝉。

无论是烈日炎炎的午后，还是日落后的夜晚，他始终都在观察蝉的外形特征和它鸣叫、飞行等活动。

他还观察了生活在地下的蝉的幼虫。

法布尔很擅长寻找蝉的幼虫，正因为如此，他才能观察到蝉从卵到幼虫的各种形态。

从初夏到夏末，法布尔一直都在观察蝉。

最终，法布尔如愿以偿地观察到了蝉的一生。

法布尔还发现了一件事情。

观察昆虫的活动是一件非常辛苦的事情。

但是法布尔很享受一一解开昆虫秘密的过程，所以总是能乐在其中。

法布尔对昆虫的热衷一直持续到他的晚年。他把自己观察昆虫的内容进行整理，出版了一套书。对，就是那套大家熟悉的《昆虫记》。在地球所有动物种类当中，昆虫的比例约占整体数目的 75%，可见其有多么庞大。

法布尔曾在书中写下这样一句话：“想要知道昆虫的所有行为和特征是不可能的。”

不过，作为一名平生热爱昆虫，并从事记录工作的科学家，他的事迹将永远留在人们心中。

动植物的一生

动植物从出生到长大所经历的几个阶段，我们称为它的“一生”。昆虫从卵孵化出来的幼虫转变为成虫的过程，我们称为“变态”。变态分为完全变态和不完全变态。完全变态是指昆虫依次经过卵、幼虫、蛹等阶段转变为成虫的过程；而不完全变态是指昆虫只经过卵、幼虫的阶段就直接转变为成虫的过程。

菜粉蝶的一生

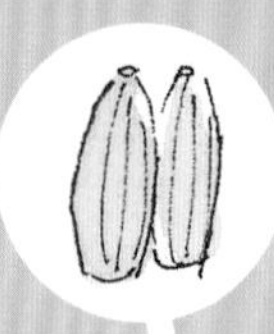

卵

约 1 毫米大小。

幼虫

5~7 天后，幼虫会从卵中孵化出来。

幼虫一共需要经历四次蜕皮。

蛹

15~20 天后，幼虫会变成蛹。

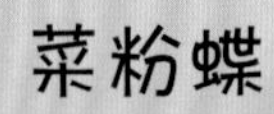

菜粉蝶

7~10 天后，蛹会变为成虫。

大约 25 天后，蝌蚪会长出前腿，同时尾巴会变短。

青蛙

大约 55 天后，蝌蚪会完整地变成成年青蛙。

青蛙的一生

卵

蝌蚪

蝌蚪从卵中孵化出来。

大约 15 天后，蝌蚪会长出后腿。

狗的一生

刚出生的幼崽

出生 2~3 周后，小狗会睁开眼睛，同时耳朵也会完全展开。

6~8 周后，小狗会长出乳牙。

狗

12 个月后，小狗会变成成年狗。

菜豆的一生

种子

幼苗

萌出土壤，两片子叶展开，之后长出真叶。

花

开出紫色或白色的花。

菜豆

花朵凋谢的位置上会结出豆荚，菜豆会在里面慢慢变得饱满。

仿生学的发明

大家应该都穿过带有粘扣的鞋子。这种粘扣就是从苍耳果实的外形中获得灵感发明出来的。为了能让种子更好地传播，苍耳果实的外壳上长有很多像钩子一样的硬刺。

就像这样，人们经常会从动植物的特征中获得灵感，从而发明出各种物品的技术，叫作仿生学。其中就包含很多通过研究昆虫的形态特征而研发出来的发明。

大家都知道，苍蝇是个飞行高手，它能够向前、向后、旋转及画着“8”字飞行。科学家在研究苍蝇等小昆虫的飞行模式之后，最终研发出一种微型飞行器——“MAV”。

战斗机驾驶员的飞行服“蜻蜓（Libelle）”就是从蜻蜓内部器官被液体包裹的结构中获得灵感，从而制作出的一种用液体代替空气阻挡压力的飞行服。

研究蜘蛛网的成分，制作的能够抵挡子弹的防弹衣纤维、手术缝合线等均属于仿生学发明。

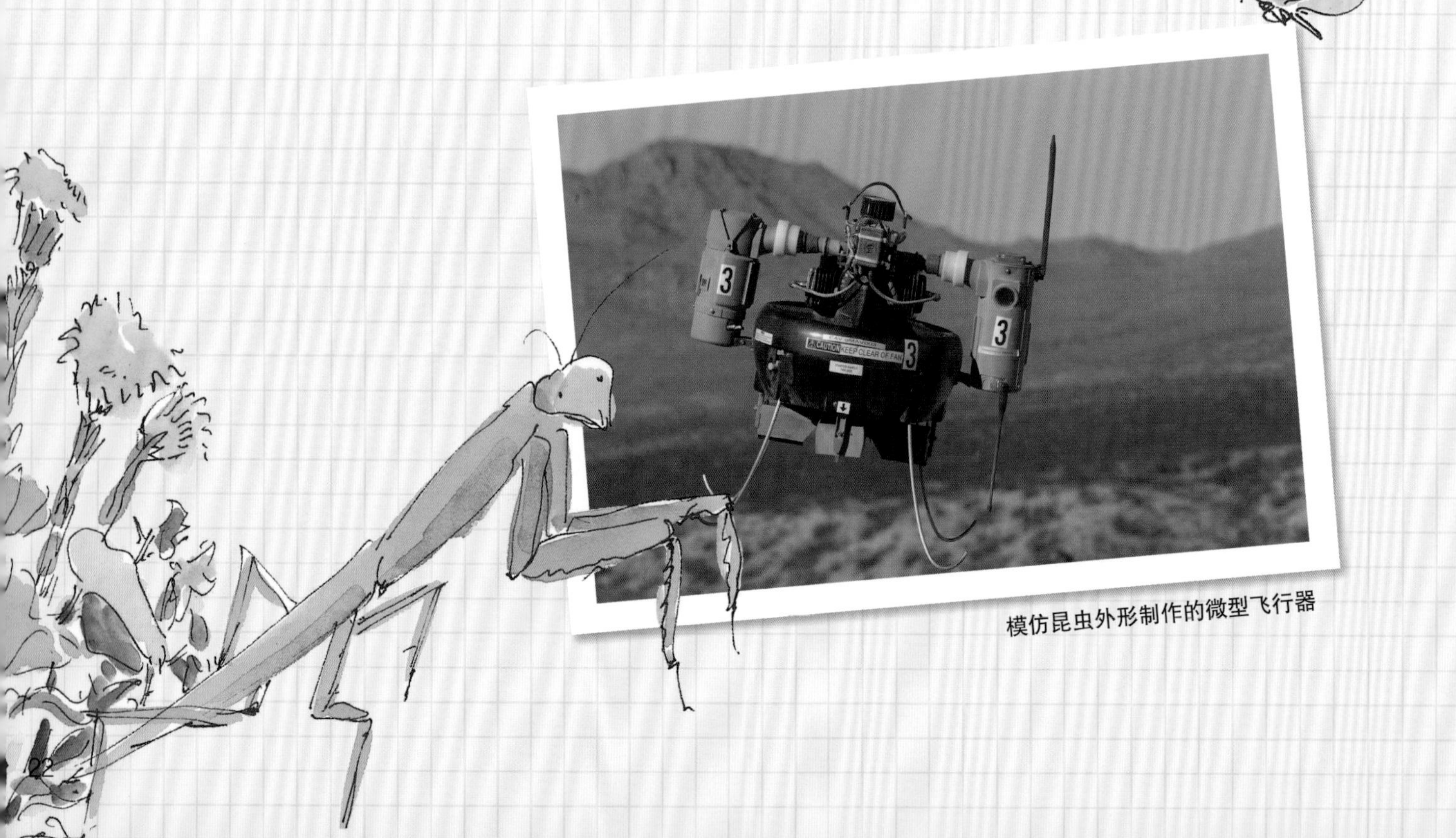

模仿昆虫外形制作的微型飞行器

植物扎根于土壤中生长，所以它不像动物可以自行寻找食物。很久以前，人们认为植物主要是靠吸收土壤中的养分生长的，但我发现事情并非如此。因为对于植物来说，阳光才是最重要的生存条件！

比利时科学家扬·范·海尔蒙特感到很疑惑："话说，幼小的植物长大所需的养分是从哪里获取的呢？莫非都是从土壤中获取的？"

海尔蒙特决定做一个种植植物的实验。首先，他准备了一棵小柳树和干燥的泥土，然后他把土倒入花盆中，再种上小柳树。

他每天都给柳树浇水。之后的五年时间里，小柳树每天都以肉眼可见的速度在生长。不过，海尔蒙特却望着眼前长势惊人的柳树陷入了沉思。

"既然柳树会吸走泥土中的养分，那花盆中泥土的重量肯定会有所减少吧？"

但奇怪的事情发生了。柳树的重量增加了约 74 千克，但是泥土的重量却只减少了 0.06 千克。

“奇怪！难道柳树是从泥土之外的其他地方获取养分的吗？可我明明只给它浇了水而已啊。”

最终，海尔蒙特只得出了植物的生长离不开水的结论。

荷兰科学家扬·英根浩兹也跟海尔蒙特一样，对植物获取养分的方式很感兴趣。

1779 年的某一天，英根浩兹从朋友那里听到有关普利斯特里做实验的经过："听说他把老鼠独自放入密封玻璃罩里，但是这只老鼠很快就死亡了。后来，他把绿色植物和老鼠一起放入玻璃罩里。神奇的是，老鼠一直生龙活虎，活得好好的。"

"哦？将绿色植物和老鼠放在一起？"

"也许是绿色植物释放出的某种物质，可以维系老鼠的生命。"

普利斯特里的实验

英根浩兹认为自己即将解开植物的秘密，于是就用绿色植物和老鼠，重新做了一遍同样的实验。

然而，他的实验结果却与普利斯特里的实验结果截然相反。

英根浩兹将两个人的实验过程进行了对比，结果发现自己是在没有阳光照射的地方做的实验。

通过这场实验，英根浩兹很快发现只有在有阳光的地方，绿色植物才会释放出老鼠赖以生存的物质——氧气。

有过海尔蒙特和英根浩兹的实验前例，很多科学家都对植物的生长方式产生了兴趣，也做了很多相关实验。

德国的科学家朱利叶斯·范·迈尔就是其中一员。

有一天，迈尔正在整理其他科学家的研究结果时发现了一个惊人的事实。

“没错，就是这个。植物利用阳光，将根系吸收的水和叶子吸收的二氧化碳制作成生长所需的养料，同时释放出氧气。”

瑞士植物学家瑟讷比埃认为植物在受到阳光照射后会吸收二氧化碳。
植物生长所需的是水、阳光及二氧化碳！
还有，植物制造出来的是养分和氧气！

植物居然会利用阳光制造养分，怎么样？是不是很神奇？

植物制造出来的养分会用于自身的生长及繁殖。

“既然植物利用阳光制造生长所需的养分，那不如就把这个过程叫作‘光合作用’吧。”

迈尔最先使用了“光合作用”这个词。

如果地球上没有植物，就无法制造出生物生存所需的养分和氧气。植物就是如此重要。即使是如此重要的植物，一旦离开阳光也是无法生长的，因此对于地球上的所有生命来说，阳光同样是非常重要的存在。自从迈尔发现光合作用后，针对植物的相关研究越来越活跃。例如，对光合作用的场所——绿色植物的叶子进行研究啦，探索叶绿素的作用啦，等等。总之，解开生命奥秘的研究始终不曾间断过。

科学知识

光合作用

绿色植物利用阳光合成养分的过程，我们称为“光合作用”。植物想要进行光合作用，就必须要有水、二氧化碳及阳光的帮助。通过光合作用，植物就可以制造有机物，同时释放出生物呼吸所需的氧气。而这一切都要在植物的叶子中来完成。

植物的形态结构

绿色开花植物由根、茎、叶、花、果实、种子组成。

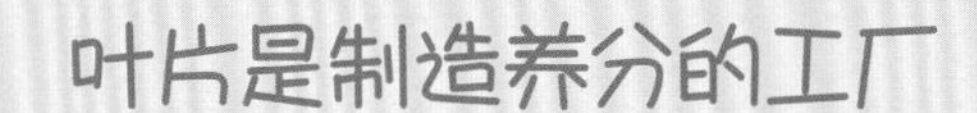

水 + 阳光 + 二氧化碳 → 养分 + 氧气

光合作用

阳光是如何传递给植物的？

植物吸收阳光制造养分。

阳光的能量转移到以植物为食的食草动物身上。

转移到捕食食草动物的食肉动物身上。

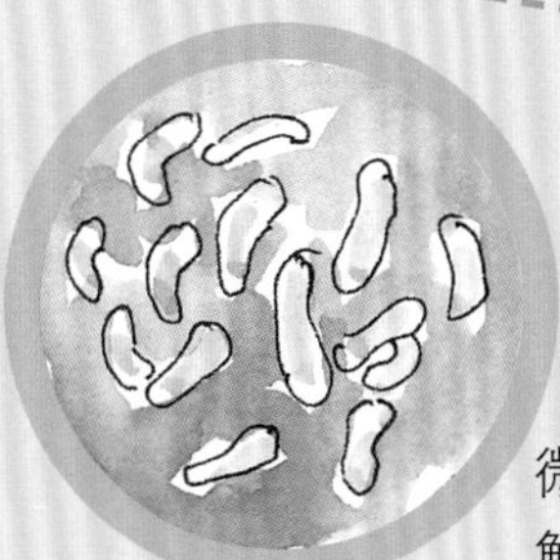

微生物将动物尸体分解成土壤的成分，养分又重新被植物利用。

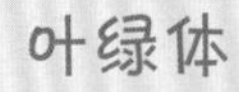

叶子的正面含量高，是通过光合作用制造养分的主要场所。

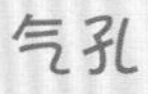

大部分位于叶子的背面，用来吸收二氧化碳和释放氧气。

生物都需要阳光

不只植物需要阳光，人同样需要阳光。

人的骨骼在生长时，就需要一种营养，也就是大家所熟悉的维生素D。维生素D能够促进骨骼和牙齿的生长，令它们变得更加坚固。人体缺乏维生素D会导致骨骼无法正常成长或骨质变得疏松。另外，还有可能会引发抑郁症、佝偻病等各种疾病。只有受到阳光的照射，人体才能合成维生素D。

阳光中含有一种肉眼看不见的紫外线。当这种光线与人体皮肤接触时，细胞就会合成维生素D。哈哈，所以为了健康着想，我们最好每天都要晒一晒太阳。

不过在晒太阳时，记得不要在强烈的阳光下待太久。因为这样很可能会晒伤皮肤，严重时甚至有可能会患上皮肤癌。除了晒太阳之外，我们还可以通过食物来补充维生素D。想要补充维生素D吗？那你得多吃青花鱼、鲑鱼等鱼类，以及蘑菇、牛奶、蛋黄等食物了。

总而言之，并不是只有植物才需要阳光。

富含维生素D的食物

现在还有没被发现的生物吗？

据说地球上的生物种类多达 200 多万种，而且其中大部分要么体形太小，要么濒临灭绝，总之普通人很难见到。在显微镜发明出来之前，很多生物，人们是难以用肉眼看到的。不过，随着科学技术的发展，相信人们能够发现的生物将越来越多。

1735年

双名命名法的使用

公元前4世纪

生物和非生物的分类

亚里士多德最先把组成自然界的物体分为生物和非生物。

林奈首次在一本名为《自然系统》的书中以双名命名法对生物进行分类、命名，而这种方法至今仍在沿用。

1779年

发现植物能制造氧气

英根浩兹发现，只有在有阳光的地方，绿色植物才能制造氧气。

标记的部分是正文中出现的内容。

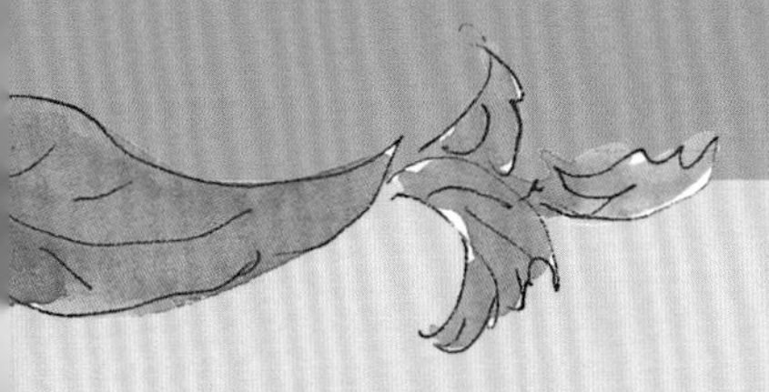

19世纪中期

光合作用的发现

迈尔发现绿色植物可以利用水、二氧化碳及阳光制造养分和氧气。

20世纪前后

《昆虫记》出版

法布尔一生都在观察昆虫。他不仅研究过蝉，还研究过无数昆虫的形态特征。他把自己的研究成果整理成册，最终出版了10卷《昆虫记》。

现在

随着与生物细胞和遗传相关的研究越来越活跃，人们得以更好地了解生物。另外，有了高性能电子显微镜等仪器的帮助，一些微小的生命体也开始接二连三地出现在人们的视野当中。随之而来，生物的分类标准也会变得越来越细。

图字：01-2019-6047

图书在版编目（CIP）数据

动植物的故事 /（韩）黄宝妍文；（韩）赵美子绘；千太阳译 . —北京：东方出版社，2020.7
（哇，科学有故事！. 第一辑，生命・地球・宇宙）
ISBN 978-7-5207-1481-5

Ⅰ. ①动… Ⅱ. ①黄… ②赵… ③千… Ⅲ. ①动物—青少年读物 ②植物—青少年读物 Ⅳ. ①Q95-49 ②Q94-49

中国版本图书馆 CIP 数据核字（2020）第 038676 号

哇，科学有故事！生命篇・动植物的故事
（WA，KEXUE YOU GUSHI! SHENGMINGPIAN・DONGZHIWU DE GUSHI）
作　者：［韩］黄宝妍 / 文　［韩］赵美子 / 绘
译　者：千太阳

策划编辑：鲁艳芳　杨朝霞
责任编辑：杨朝霞　金　琪
出　版：東方出版社
发　行：人民东方出版传媒有限公司
地　址：北京市西城区北三环中路6号
邮　编：100120
印　刷：北京彩和坊印刷有限公司
版　次：2020年7月第1版
印　次：2020年7月北京第1次印刷　2021年9月北京第4次印刷
开　本：820毫米 × 950毫米　1/12
印　张：4
字　数：20千字
书　号：ISBN 978-7-5207-1481-5
定　价：398.00元（全14册）
发行电话：（010）85924663　85924644　85924641

文字 ［韩］黄宝妍

1970年出生于首尔，获得庆熙大学鸟类学和动物行为学的博士学位。目前在公园管理局研究自然生态，同时也是一位儿童科普图书作家。

主要作品有《我们森林里的啄木鸟》《有趣的动物故事》《小小的种子长大了》《森林里的动物消失了》《通过栩栩如生的照片邂逅动物百科》《我是生态界的清洁工》等众多儿童科普图书。

插图 ［韩］赵美子

毕业于弘益大学美术系。目前大部分时间都在江原道春川创作绘本。

主要插图作品有《哎呀，妈妈也真是的》《来我家的院子里玩吧》《短鞘》等，文字作品有《蜘蛛沿着蜘蛛网向上爬》《我喜欢蔬菜》《清风徐徐》《我喜欢花》《咕嘟咕嘟，噗噗》等。

哇，科学有故事！（全33册）

概念探究

生命篇

01 动植物的故事——一切都生机勃勃的
02 动物行为的故事——与人有什么不同？
03 身体的故事——高效运转的“机器”
04 微生物的故事——即使小也很有力气
05 遗传的故事——家人长相相似的秘密
06 恐龙的故事——远古时代的霸主
07 进化的故事——化石告诉我们的秘密

地球篇

08 大地的故事——脚下的土地经历过什么？
09 地形的故事——隆起，风化，侵蚀，堆积，搬运
10 天气的故事——为什么天气每天发生变化？
11 环境的故事——不是别人的事情

宇宙篇

12 地球和月球的故事——每天都在转动
13 宇宙的故事——夜空中隐藏的秘密
14 宇宙旅行的故事——虽然远，依然可以到达

物理篇

15 热的故事——热气腾腾
16 能量的故事——来自哪里，要去哪里
17 光的故事——在黑暗中照亮一切
18 电的故事——噼里啪啦中的危险
19 磁铁的故事——吸引无处不在
20 引力的故事——难以摆脱的力量

化学篇

21 物质的故事——万物的组成
22 气体的故事——因为看不见，所以更好奇
23 化合物的故事——各种东西混合在一起
24 酸和碱的故事——水火不相容

解决问题

日常生活篇

25 味道的故事——口水咕咚
26 装扮的故事——打扮自己的秘诀

尖端科技篇

27 医疗的故事——有没有无痛手术？
28 测量的故事——丈量世界的方法
29 移动的故事——越来越快
30 透镜的故事——凹凸里面的学问
31 记录的故事——能记录到1秒
32 通信的故事——插上翅膀的消息
33 机器人的故事——什么都能做到

扫一扫
看视频，学科学